自然的匠人：了不起的古代发明

鱼皮服

屠方 刘欢 著　尹涵迪 绘

电子工业出版社
Publishing House of Electronics Industry
北京·BEIJING

赫哲族是生活在我国东北地区的古老的民族，有六千多年的悠久历史。

赫哲族世代居住在寒温带的平原地区，处于黑龙江、松花江、乌苏里江三江交汇之地，自然条件优良，拥有丰富的水资源，这里盛产大马哈鱼、鳇鱼、鲟鱼等大型鱼类。

自古以来，赫哲族人的日常饮食就离不开鱼，渔业的巨大需求使他们积累了丰富的捕鱼经验。在江河冰封的冬季，他们也需要破开冰面，用鱼叉捕捞大鱼。钓鱼、网鱼对于他们来说，更是简单的技术。

　　不过，无论用什么方式捕鱼，赫哲族人都不会过度捕捞，他们要为子孙后代留下可持续发展的生态资源。

　　每年从十月下旬开始到第二年四月份，受西伯利亚冷空气的影响，赫哲族人生活的区域江河湖泊会冰封数月。在这寒冷透骨的日子里，先民们就用兽皮保暖。

　　冬季的着装问题解决了，可是在夏季他们又遇到了一个难题，兽皮贴身太热，树叶等材料制成的衣服又不能抵抗早晚的温差，很多人因此而生病了。

　　为了族人的身体健康，也为了能够让族人更好地繁衍生存，先民们必须找到能够分别在春、夏、秋天穿着的衣服。

　　一位赫哲族少年心系族人，努力尝试各种不同的材料来制作衣服，可是都没有成功。

　　眼看冬去春来，日子一天天地过去，少年没有一点头绪。一天，他来到松花江畔钓鱼，望着滔滔江水，他又思考起了制衣材料的问题。

傍晚时分，天色渐黑，少年还是不得答案，恍惚之下，钓到的大鱼都被他遗忘在了江边。

　　几天过去了，少年再一次来到江边，看到上次钓的大鱼竟然还在。少年发现由于鱼身离水过久，全身变得干燥没有水分。

　　少年拿起干鱼把玩起来，剥下了鱼皮，将它包裹在手上，顿时有了温暖舒适的感觉。少年突然有了灵感：或许可以试试用鱼皮制作衣服。

赫哲族少年捕捞了很多大鱼，他将每一条鱼的鱼皮剥下来，并把它们缝制到一起。如此一来，一件简单的鱼皮服就制作完成了。少年迫不及待地把鱼皮服穿在身上，确实感觉通体舒适。可是没几天，鱼皮服发出浓浓的恶臭，都烂掉了。

正当少年要放弃时，一位熟悉兽皮制作的老人给了他提示。老人看着他制作的鱼皮服，对他说，鱼皮和兽皮一样都有脂肪，如果把脂肪处理掉，是不是就能够制作成一件耐用的鱼皮服呢？少年听完老人的话，决定再接再厉。

少年不再焦躁，他沉下心来，认真研究制衣的技术。经过无数次的实践，少年最终确定了鱼皮服的制作流程，熟练掌握了处理鱼皮的方法：

首先剥下大鱼鱼皮，挂在木杆上晾晒阴干；

再用木铲刮去鱼皮上残留的肉、脂肪和鱼鳞；然后，用木槌不断地敲打鱼皮，直到鱼皮变得像皮绒一样的柔软，韧性十足。这样处理好的鱼皮就可以缝制成衣服了。

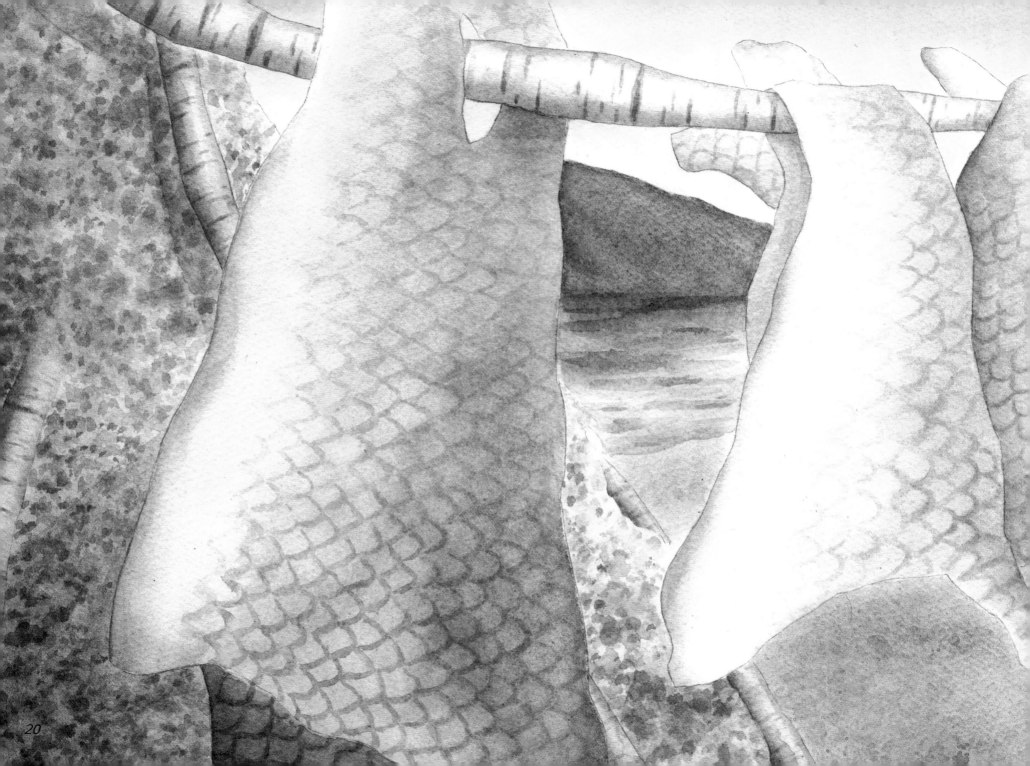

　　鱼皮服没有了兽皮服的闷热和树叶衣服的寒冷，它轻便保暖、防潮耐磨，不会在零下三十多度时硬化结冰。从此，赫哲族人终于有了舒适的本民族服装。

　　有了鱼皮服后，聪明的赫哲族先人们将鱼皮和兽皮混合使用。在冬季，身上穿着兽皮裹着鱼皮服，脚下踩着加了兽皮的鱼皮靴，头上戴着鱼皮加绒毛的帽子。这一身装扮下来，他们外出打猎就再也不惧寒风暴雪了。

　　赫哲族先人们不停地改良鱼皮服，对不同的鱼皮适合做什么样的衣料有了更细致的分类：胖头鱼、狗鱼的皮做鱼皮线、衣服、裤子；鲟鱼、大马哈鱼、哲罗鱼、大鲤鱼的皮适合做手套、帽子；怀头鱼适合做绑腿、鞋子，等等。

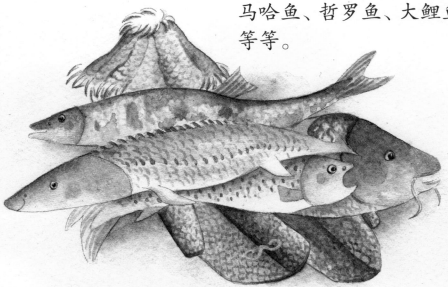

　　鱼皮服不仅是赫哲族人生存必备的服饰，还是赫哲族先民们精神的寄托。他们崇拜动物图腾，会在鱼皮衣裤上纹上蛇、鸟、兽、鱼等动物的抽象图案，希望借此给自己带来好运。

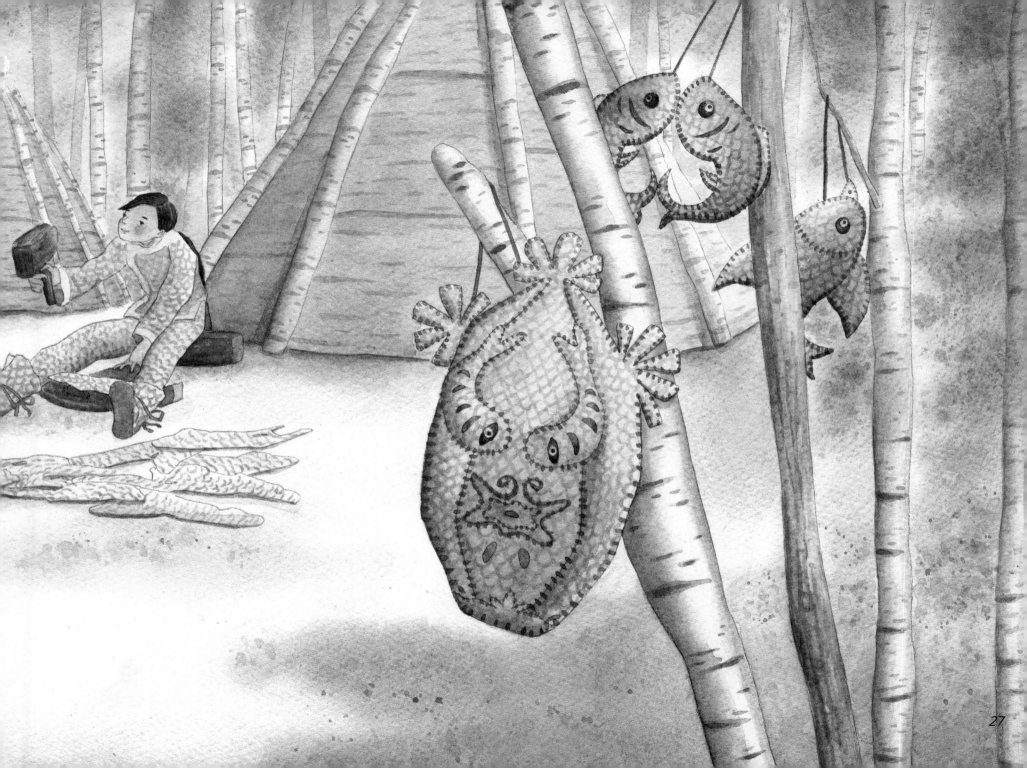

赫哲族先人们还利用鱼皮的可染性和鱼皮的不同颜色进行艺术创作。他们用鱼皮制作箱包、烟袋、装饰画，甚至用鱼皮制作京胡、二胡等乐器。

这些艺术品不仅增加了鱼皮制品的工艺类型，也极大丰富了赫哲族人的精神世界。

后来，随着赫哲族与外界交流的增多，族人获得了更先进的纺纱技术。棉麻布料逐步代替了鱼皮服。

赫哲族先人们穿上了织制衣物，而鱼皮服饰渐渐退出了族人的日常生活。

现在，鱼皮服更多地出现在赫哲族的传统节日里。在每年农历七月十五日的"河灯节"，在穿着鱼皮服的长者带领下，世代捕鱼为生的赫哲族人跳起萨满舞。节日里，他们还放河灯、祭河神，祈祷风调雨顺、渔业丰收、健康平安。

鲤鱼

鳑鱼

鳊花鱼

狗鱼

红尾鱼

鱼皮

鱼皮包

鱼皮袋

鲢上衣

处理工具

34

赫哲族

弓箭

鱼满衣

　　如今，赫哲族鱼皮服制作技艺作为非物质文化遗产受到国家保护。通过文化文创和旅游商品的开发，鱼皮服依旧延续着赫哲族人的精神世界，并带领着赫哲族人民走上富裕的道路。

图书在版编目（CIP）数据

自然的匠人：了不起的古代发明. 鱼皮服 / 屠方，刘欢著；尹涵迪绘. —— 北京：电子工业出版社，2023.12
ISBN 978-7-121-46561-1

Ⅰ. ①自… Ⅱ. ①屠… ②刘… ③尹… Ⅲ. ①科学技术—创造发明—中国—古代—少儿读物 Ⅳ. ①N092-49

中国国家版本馆CIP数据核字（2023）第202608号

责任编辑：朱思霖　　特约编辑：郑圆圆
印　　　刷：天津图文方嘉印刷有限公司
装　　　订：天津图文方嘉印刷有限公司
出版发行：电子工业出版社
　　　　　北京市海淀区万寿路173信箱　邮编：100036
开　　本：889×1194　1/16　印张：13.5　字数：138.6千字
版　　次：2023年12月第1版
印　　次：2023年12月第1次印刷
定　　价：138.00元（全6册）

　　凡所购买电子工业出版社图书有缺损问题，请向购买书店调换。若书店售缺，请与本社发行部联系，联系及邮购电话：（010）88254888，88258888。
　　质量投诉请发邮件至zlts@phei.com.cn，盗版侵权举报请发邮件至dbqq@phei.com.cn。
　　本书咨询联系方式：（010）88254161转1859，zhusl@phei.com.cn。